Rotes Heft 54

Retten und Selbstretten aus Höhen und Tiefen

von
Harald Müller
Branddirektor
Berufsfeuerwehr Wiesbaden

Thomas Dörwald
Hauptbrandmeister
Berufsfeuerwehr Wiesbaden

7., überarbeitete und erweiterte Auflage 2013

Verlag W. Kohlhammer

Wichtiger Hinweis

Die Verfasser haben größte Mühe darauf verwendet, dass die Angaben und Anweisungen dem jeweiligen Wissensstand bei Fertigstellung des Werkes entsprechen. Weil sich jedoch die technische Entwicklung sowie Normen und Vorschriften ständig im Fluss befinden, sind Fehler nicht vollständig auszuschließen. Daher übernehmen die Autoren und der Verlag für die im Buch enthaltenen Angaben und Anweisungen keine Gewähr.

7., überarbeitete und erweiterte Auflage 2013

Umschlag: Gestaltungskonzept Peter Horlacher
Gesamtherstellung: W. Kohlhammer
Druckerei GmbH + Co. KG, Stuttgart
Printed in Germany

ISBN 978-3-17-021912-0

Inhaltsverzeichnis

1 Allgemeines

Das Retten und Selbstretten muss für jede Feuerwehr grundsätzlicher Bestandteil der Ausbildung sein, denn an Einsatzstellen aller Art kann jeder Feuerwehrangehörige in die Lage kommen, sich aus schwierigen Situationen selbst retten zu müssen bzw. Feuerwehrfremde durch eine Rettungsaktion zu befreien.

Für das Selbstretten kommt der Feuerwehr-Haltegurt (Bilder 1 und 2) als Teil der persönlichen Ausrüstung zur Anwendung.

Bei der Benutzung des Feuerwehr-Haltegurtes ergeben sich jedoch einige Unsicherheiten. Insbesondere wird immer wieder die Frage der richtigen Verwendung des Feuerwehr-Haltegurtes zum Selbstretten bzw. Retten aufgeworfen.

Bild 1

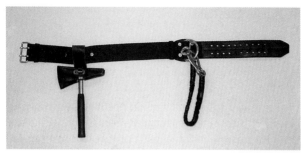

Bild 2

In dieser Anleitung werden verschiedene Methoden des Selbstrettens beschrieben.

Daneben beschäftigt sich dieses Rote Heft jedoch auch mit dem Retten verunglückter Personen. Die aufgezeigten Möglichkeiten sollen als Grundlage für die Einsatzpraxis angesehen werden, wobei keinerlei Anspruch auf Vollständigkeit erhoben wird.

Für das Retten und Selbstretten gilt insbesondere der Grundsatz: »Nur was ständig geübt wird, kann auch erfolgreich in der Praxis angewendet werden.« Sicherheit ist oberstes Gebot.

In diesem Roten Heft soll anschaulich dargestellt werden, wie mit einfachen Mitteln, die auf fast allen normmäßig ausgestatteten Fahrzeugen der Feuerwehr vorhanden sind, eine Rettung durchführbar ist.

2 Selbstretten

Selbstrettungsübungen dürfen im Rahmen der Unfallverhütung nur aus max. 8 m Höhe durchgeführt werden. Dabei sollte die Sicherung über einen »Gerätesatz Absturzsicherung« erfolgen. Ist dieser nicht vorhanden, ist immer eine Sicherungsleine erforderlich. Diese Sicherungsleine ist in Form eines Brustbundes mit dem Pfahlstich anzulegen.

Die Übungen sind in regelmäßigen Abständen zu wiederholen, da an Einsatzstellen das eigene Leben vom Beherrschen der Selbstrettungsmethode abhängen kann. Für den Ausbildungs- und Übungsdienst ist es empfehlenswert, die Übungen zunächst als Bodenübungen, wie es auch die Bildserie zeigt, zu gestalten.

Das Selbstretten sollten die Feuerwehren in regelmäßigen Abständen in den Ausbildungsdienst aufnehmen.

Die in dieser Ausbildungsanleitung aufgezeigten Methoden bedürfen allerdings einer sorgfältigen Unterweisung jeder Einsatzkraft, damit Unfälle bei Übungsdiensten oder an Einsatzstellen vermieden werden.

2.1 Selbstretten unter Verwendung des Feuerwehr-Haltegurtes und des Halbmastwurfes

Nach Ansicht der Verfasser bieten sich bei der Verwendung des Feuerwehr-Haltegurtes zwei Arten der Benutzung zum Selbstretten an. Zum einen die Verwendung der Fangöse, zum anderen der Karabinerhaken mit Öse. Die Angaben des Herstellers sind zu beachten.

Der Halbmastwurf ist ein sehr einfacher, aber wirkungsvoller Bremsknoten. Durch automatisches Umschlagen des Knotens in der Öse, kann er zum Abseilen von beiden Seiten benutzt werden.

2.1.1 Selbstretten unter Verwendung der Fangöse

Ausführung:
Benutzt wird die linke am Feuerwehr-Haltegurt sitzende Fangöse, an der auch das Sicherungsseil mit Schutzhülle befestigt ist.

1. Die Feuerwehrleine ist an einem geeigneten Festpunkt anzuschlagen.
2. Der Feuerwehr-Haltegurt wird so verdreht, dass die Öse nach vorne zeigt.
3. Die Feuerwehrleine wird doppelt als Schlaufe durch die Öse des Gurtes geführt (Bild 3).
4. Der Feuerwehrleinenbeutel wird durch die Schlaufe geführt (Bild 4) und auf den Boden abgelassen.
5. Die Abseilgeschwindigkeit wird während des Abseilens durch Strecken oder Beugen der Abseilhand reguliert.

Die Angaben des Herstellers sind zu beachten.

Bild 3

Bild 4

Das Bild 5a zeigt einen Feuerwehrangehörigen mit zur Sicherung angelegtem Auffanggurt und Feuerwehrleine zum Selbstretten. Das Bild 5b zeigt einen Feuerwehrangehörigen mit Brustbund zur Sicherung und Feuerwehrleine zum Selbstretten mit geöffneter Bremse (linke Hand).

Nach dieser Bodenübung erfolgt das Selbstretten am Turm, dabei stößt sich der Übende mit der linken oder rechten Hand vom Turm ab.

Im Ausbildungsdienst ist auf das Anbringen einer zusätzlichen Sicherung zu achten!

2.1.2 Selbstretten unter Verwendung des Karabinerhakens mit Öse

Beim Selbstretten mit dem Feuerwehr-Haltegurt unter Benutzung des Karabinerhakens mit Öse ist wie folgt zu verfahren:

1. Die Feuerwehrleine ist an einem geeigneten Festpunkt anzuschlagen.
2. Der Feuerwehr-Haltegurt ist so zu drehen, dass die Halteöse nach vorne zeigt.

3. Der Karabinerhaken muss in die Halteöse so eingeklinkt werden, dass bei Zugbelastung der geschlossene Teil des Karabinerhakens zu der Seite hinzeigt, auf der sich die Haltehand des Abseilenden befindet (Bild 6).
4. In die Feuerwehrleine wird eine Schlaufe gelegt. Diese wird in die Multifunktionsöse des Karabinerhakens gesteckt (Bild 6) und im Karabinerhaken eingeklinkt (Bild 7).
5. Es wird als erstes mit dem Bein ausgestiegen, auf dessen Seite die Feuerwehrleine geführt wird.

Falsches Anlegen der Feuerwehrleine kann einen Absturz bedeuten!

2.2 Selbstretten unter Verwendung eines Druckschlauches

Das Selbstretten mit einem Druckschlauch kann höchstens bis zum 3. Obergeschoss durchgeführt werden.

Aus größeren Höhen ist mit einem Schlauch kein Selbstretten mehr möglich, da die meisten Feuerwehren nur über 15 m C-Druckschläuche verfügen und die Knaggenteile der Kupplungen bei dieser Methode nicht belastet werden dürfen.

Ausführung:

Der Druckschlauch wird an einem geeigneten Festpunkt mit einem Mastwurf und Halbstich o. Ä. angeschlagen. Das freie Ende des Schlauches hängt durch das Fenster nach unten und wird von mindestens zwei Feuerwehrangehörigen gehalten (Bild 8).

Der Übende geht im Reitsitz auf die Fensterbank (Ausstiegsöffnung) und klinkt den Schlauch in den Karabinerhaken des Feuerwehr-Haltegurtes ein (Bild 9).

Danach dreht sich der Übende aus dem Gebäude heraus und schlägt die Beine und Arme um den Schlauch (Bild 10).

Die Haltemannschaft hat darauf zu achten, dass der Schlauch beim Herunterrutschen angezogen wird, damit der Übende nicht zu schnell abgleitet (siehe Bild 8).

Bild 9

Bild 10

3 Retten

3.1 Allgemeines

Die Sicherung von Gesundheit und Leben ist die vornehmste Aufgabe im großen Katalog der Feuerwehrtätigkeiten.

Darum werden immer dann, wenn es um die Rettung von Menschen geht, alle anderen Maßnahmen zweitrangig. Das Retten aus Höhen und Tiefen beinhaltet alle Maßnahmen, die zur Sicherung, zur Verhinderung weiterer Schäden und zum Transport verletzter Personen an Unfallstellen notwendig werden.

Die Entscheidung für eine der o.a. Rettungsmöglichkeiten muss mit dem Notarzt abgestimmt werden und hängt in erster Linie ab von:
- der Art der Verletzung (Verletzungsmuster),
- dem Umfang der Verletzung,
- dem Zustand des Verletzten,
- der Verletzungsdauer,
- der Anzahl der Einsatzkräfte,
- dem Ausbildungsstand,
- dem zur Verfügung stehenden Material,
- den Rettungsmitteln (NEF, RTW, NAW usw.),
- den Verhältnissen an der Unfallstelle und
- der Witterung.

Unter Berücksichtigung all dieser Kriterien ist zu entscheiden, ob mit dem verfügbaren Material und den verfügbaren Einsatzkräften (Anzahl und Ausbildungsstand) die Rettung durchgeführt werden kann. Lässt die Lage eine Rettung zu, ist zu entscheiden, ob die zu rettende Person waagerecht oder senkrecht hochgezogen bzw. abgelassen werden muss.

3.2 Die verschiedenen Methoden

Gegenüber den Möglichkeiten des Selbstrettens stehen zum Retten eine Vielzahl von Methoden zur Verfügung, wovon hier einige aufgezeigt werden.

3.2.1 Einsatz der Feuerwehrleine

Die einfachste Rettungsmethode ist das Ablassen oder Hochziehen mit der Feuerwehrleine ohne weitere Hilfsmittel. Dabei wird der zu rettenden Person die Feuerwehrleine als Brustbund mit Pfahlstich angelegt (Bilder 11 bis 15).

3.2.2 Einsatz des Auffanggurtes

Der Auffanggurt ist ein aus Kunstfaser hergestelltes Gerät (Bilder 16 und 17). Er ist besonders zur Menschenrettung aus engen Schächten, Behältern u. Ä. geeignet. Zudem ist er in der Absturzsicherung zugelassen. Der Auffanggurt besteht aus einem Hüftgurt, zwei Beinschlaufen und zwei Schulterriemen.

Bild 11 **Bild 12**

Beim Hochziehen oder Ablassen mit dem Auffanggurt müssen alle Retter über einen sicheren Standplatz verfügen und gegen Absturz gesichert sein. Um das Verletzungsrisiko bei einem Absturz zu mindern, ist es ratsam, mit so genannten »Kräfte absorbierenden Elementen«, z. B. Bandfalldämpfer (Bild 18), oder – wie in der Absturzsicherung gelehrt wird – mittels HMS (Halbmastwurfsicherung) zu arbeiten.

Bild 13

Bild 14

Bild 15

Bild 16

Bild 17

Bild 18

3.2.3 Einsatz der Rettungsschlaufe

Die Rettungsschlaufe ist ein ca. 55 cm langes, endloses Kunstfaserband mit einer Breite von 4 cm (Bild 19). Die Schlaufe ist ein Hilfsmittel zur schnellstmöglichen Rettung von verunglückten Personen aus engen Schächten, Behältern u. Ä. (Schlaufe und Methode entwickelt von Rauteck).

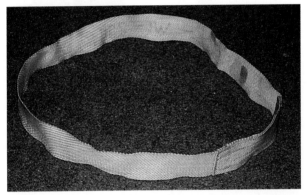

Bild 19

Die Rettungsschlaufe wird dem Verunglückten mit einem doppelten Ankerstich entweder um beide Handgelenke oder um beide Fußgelenke gelegt (Bilder 20 und 21). Ein Herausrutschen aus der Schlaufe ist nicht möglich.

Beim Hochziehen oder Ablassen mit der Rettungsschlaufe müssen alle Retter über einen sicheren Standplatz verfügen und gegen Absturz gesichert sein.

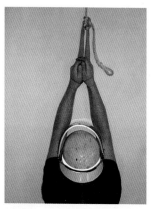

Bild 21

Bild 20

3.2.4 Einsatz der Krankentrage

Die Krankentrage kann sowohl zum waagerechten als auch zum senkrechten Hochziehen bzw. Ablassen verletzter Personen zum Einsatz gebracht werden. Erste Maßnahme ist in jedem Fall die Sicherung des Verletzten auf der Krankentrage.

3.2.4.1 Sichern auf der Krankentrage mit Feuerwehr- leinen

Die Feuerwehrleine wird mit Mastwurf am rechten Tragegriff kopfseitig angeschlagen. Danach werden in Richtung Fußende der Trage Halbstiche so angelegt, dass der

– erste Halbstich oberhalb des Brustansatzes,
– zweite Halbstich oberhalb der Handgelenke,

– dritte Halbstich oberhalb der Knie über die Beine

des Verletzten zu liegen kommt. Jeder Stich ist so anzulegen und anzuziehen, dass er entweder seitlich des Holmes oder unter dem Holm liegt. Dadurch werden Druckstellen vermieden.

Anschließend wird die Feuerwehrleine zweimal so um die Füße des Verletzten gelegt, dass das abgehende Leinenende unter den Fußsohlen verläuft.

Nunmehr werden in Richtung Kopfende der Trage Halbstiche so angelegt, dass der

– erste Halbstich oberhalb der Knie über die Beine,
– zweite Halbstich oberhalb der Handgelenke,
– dritte Halbstich oberhalb des Brustansatzes

über den Körper des Verletzten zu liegen kommt.

Die Feuerwehrleine wird mit Mastwurf am linken Tragegriff kopfseitig befestigt, das freie Leinenende unter die Kopftasche der Trage gesteckt (Bild 22).

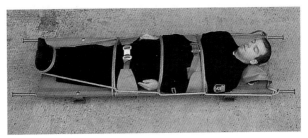

Bild 22

Bild 23

Bild 24

3.2.4.2 Zwei- und Vier-Mann-Methode

Diese Methode wird angewandt, wenn die Art der Verletzung nur einen waagerechten Transport zulässt.

Ausführung:

1. Verletzten auf der Krankentrage sichern (siehe Bild 22),
2. etwa 2,00 m vom Leinenende entfernt mit zwei Feuerwehrleinen einen Halbstich binden (Bild 23),
3. Feuerwehrleinen mit Mastwurf an den Füßen der Trage befestigen (Bild 24/1),
4. Mastwurf mit Halbschlag um einen Tragegriff legen (Bild 24/2),
5. Halbstich mitten zwischen die Tragegriff bis etwa 0,40 m über die Griffe verschieben und festziehen.

3.2.4.2.1 Zwei-Mann-Methode

Handelt es sich bei dem Verletzten um eine Person mit geringem Körpergewicht oder lassen die Umstände keine andere Möglichkeit, so kann das Ablassen oder Hochziehen mit waagerechter

Bild 25

Krankentrage auch von zwei Feuerwehrangehörigen durchgeführt werden (Bild 25).

Beim Hochziehen oder Ablassen der Krankentrage müssen alle Retter über einen sicheren Standplatz verfügen und gegen Absturz gesichert sein.

3.2.4.2.2 Vier-Mann-Methode

Bei der Vier-Mann-Methode wird genauso verfahren wie bei der Zwei-Mann-Methode. Nur wird das Ablassen oder Hochziehen der Krankentrage von vier Feuerwehrangehörigen durchgeführt.

Diese Art des Einsatzes ist aus Sicherheitsgründen der Zwei-Mann-Methode vorzuziehen (Bild 26).

Bild 26

Beim Hochziehen oder Ablassen der Krankentrage müssen alle Retter über einen sicheren Standplatz verfügen und gegen Absturz gesichert sein.

3.2.5 Ablassen oder Hochziehen mit senkrechter Krankentrage

Diese Möglichkeit wird zum senkrechten Retten verletzter Personen aus Schächten, Kanälen usw. sowie zum Hochziehen oder Ablassen an Außenwänden o. Ä. angewendet (Bild 27).

Wenn es die Lage und der Zustand des zu Rettenden (Zeitfaktor) erlauben, soll möglichst dafür gesorgt werden, dass die Leinen nicht über rauhe und scharfe Gegenstände oder Kanten (Leinen-schutz) laufen.

Sofern beim Retten durch Treppenräume, Schächte oder enge Öffnungen die Trage von zusätzlichen Feuerwehrangehörigen geführt werden kann, sind die Führungsleinen nicht mehr erforder-lich.

Bild 27

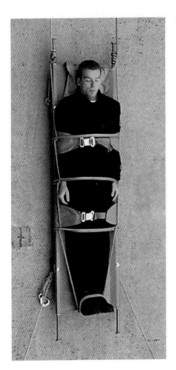

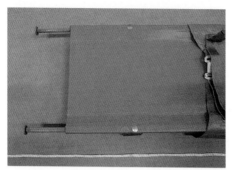

29/1

29/2

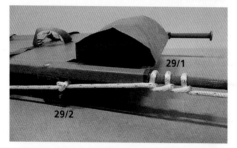

30/1

30/2

Ausführung:

1. Verletzten gemäß Kap. 3.2.4.1 auf der Krankentrage sichern,

2. Enden der Feuerwehrleine beiderseits der Trage parallel an den Holmen in Richtung Fußende so auslegen, dass sie etwa 1,00 m (gemessen von den Füßen, also ca. 0,50 m über das Ende der Tragegriffe) hinausragen (Bild 28),

3. die Feuerwehrleinen nunmehr an den kopfseitigen Tragegriffen mit drei Halbschlägen festlegen (Bild 29/1),

4. die über das Fußende hinausragenden Leinenenden mit Mastwurf durch die kopfseitigen Füße der Trage schlingen (Bild 29/2),

5. mit den gleichen Leinenenden an den fußseitigen Tragefüßen Mastwürfe und Spierenstiche anlegen (Bild 30/1),

6. Führungsleinen mit Mastwurf an den fußseitigen Tragefüßen befestigen (Bild 30/2).

3.2.6 Ablassen oder Hochziehen mit waagerechter Krankentrage

1. Verletzten auf der Trage sichern (siehe Kapitel 3.2.4.1),

2. je 1 Feuerwehrleine an einem Tragefuß kopfseitig mit Mastwurf und Spierenstich anschlagen (Bild 31/1),

3. danach Mastwurf mit Halbschlag um kopfseitigen Tragegriff legen (Bild 31/2),

4. erste Leine diagonal über die Trage in Richtung Fußende führen (hierbei erst die Leine so locker legen, dass nach Abschluss der Tätigkeiten gem. Ziff. 5 mit nunmehr diagonal befestigter Leine ein Bogen über der Trage entsteht, dessen größter Abstand zur liegenden Person etwa 0,50 m beträgt),

Bild 31

Bild 32

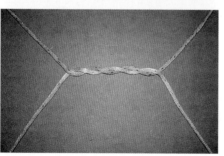

Bild 33

5. die Leine dann am Tragegriff (Fußende) mit Mastwurf und Halbschlag (Bild 32/2) und am Tragefuß mit Mastwurf und Spierenstich (Bild 32/1) festlegen,
6. zweite Leine mittig um die erste festgelegte Feuerwehrleine winden (Bild 33) und wie in Ziff. 5 am Tragegriff (Bild 32/3) und Tragefuß (Bild 32/4) festlegen,
7. Kreuzungspunkt der diagonal verschlungenen Leinen so verschieben, dass die Trage beim Anheben waagerecht hängt (Bild 33 und Bild 36),

Bild 34

34/1

Bild 35

8. Zugseil an den gekreuzten Leinen mit Mastwurf und Spieren-stich anbringen (Bild 35),
9. nach Bedarf Führungsleinen anbringen (Bild 34/1 und Bild 37).

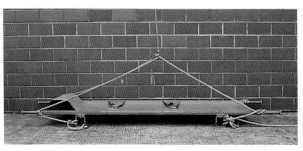

Bild 36

Bild 37

3.2.7 Ablassen oder Hochziehen der Krankentrage unter Verwendung von Hilfsmitteln

Bei der Verwendung von Hilfsmitteln, wie DLK, KW, Dreibock, Rollen, Auf- und Abseilgerät nach DIN 14800-16 oder anderer Geschirre, bleibt die grundsätzliche Methode des waagerechten oder senkrechten Rettens mittels Krankentrage unverändert. Es werden lediglich die vorgenannten Hilfsmittel zur einfacheren und schnelleren Rettung zusätzlich eingeschaltet. Sowohl im Einsatz als auch im Ausbildungsdienst ist grundsätzlich auf eine redundante Sicherung zu achten. Dazu kann der Gerätesatz Absturzsicherung verwendet werden. Die Bilder 38 und 39 zeigen das Ablassen oder Hochziehen der Krankentrage mit einem Hilfsmittel.

Bild 38

Bild 39

3.2.7.1 Ablassen oder Hochziehen über Umlenkrolle

Das Ablassen oder Hochziehen wird erleichtert, wenn eine Umlenkrolle an einem Dreibock, einer Drehleiter o.Ä. angebracht wird (siehe Bild 42).

Ausführung:

1. Verletzten auf der Trage sichern (siehe Kapitel 3.2.4.1),
2. Umlenkrolle an Dreibock, DL o.Ä. befestigen,
3. Zugseil über die Umlenkrolle legen,
4. Redundante Sicherung anbringen.

3.2.7.2 Ablassen oder Hochziehen mit Auf- und Abseilgerät nach DIN 14800-16

Das Auf- und Abseilgerät nach DIN 14800-16 ist ein Rettungsgerät zum Ablassen oder Hochziehen von Personen, Krankentragen oder Lasten.

Sicherheitshinweis:
Bei Verwendung des Gerätesatzes Auf- und Abseilgerät ist bei der Ausbildung und beim Einsatz in absturzgefährdeten Bereichen grundsätzlich eine redundante Sicherung gegen Absturz (z. B. mit dem Gerätesatz Absturzsicherung nach DIN 14800-17) vorzunehmen.

Das Auf- und Abseilgerät nach DIN 14800-16 bietet den Vorteil, dass mit geringem Kraftaufwand große Lasten zu bewegen sind.

Ausführung:
1. Verletzten auf der Trage sichern (siehe Kapitel 3.2.4.1),
2. Auf- und Abseilgerät nach DIN 14800-16 an Dreibock, Drehleiter o. Ä. befestigen,
3. Zugseil mit Karabiner am 4-Punkt-Geschirr einhängen (Bild 40),
4. Redundante Sicherung anbringen.

3.2.7.3 Ablassen oder Hochziehen mit 4-Punkt-Geschirr
Das 4-Punkt-Geschirr besteht aus:
– 4 Seilen mit einer Länge von ca. 1,10 m, Durchmesser 8 mm,
– 4 Seilkauschen,
– 1 Stahlring oder Karabiner.

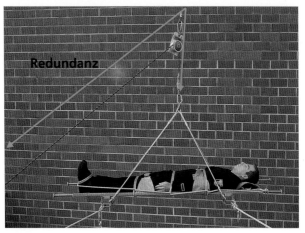

Bild 40

Die Seilenden mit den Seilkauschen werden durch einen Stahlring oder Karabinerhaken miteinander verbunden. An den losen Enden der Seile befinden sich Schlaufen (Bild 41).

Ausführung:
1. Verletzten auf der Trage sichern (siehe Kapitel 3.2.4.1),
2. die losen Enden über die Tragegriffe der Krankentrage legen,
3. Zugseil am Stahlring oder Karabiner befestigen (Bild 41).

Da der Zugpunkt bei dieser Methode in der Mitte der Trage liegt, ist eine Schräglage (kopfseitig) beim Ablassen oder Hochziehen nicht zu vermeiden. Deshalb sollte diese Möglichkeit nur in Ausnahmefällen zur Anwendung kommen.

Bild 41

3.2.7.4 Ablassen oder Hochziehen einer Trage unter direkter Verwendung von DLK, DL oder KW

Sind Einsatzstellen mit Kranwagen und Drehleitern befahrbar, so können Rettungsaktionen mit Krankentragen aus größeren Höhen und Tiefen zur Erleichterung der Rettungsmannschaft mit den o. g. Fahrzeugen durchgeführt werden.

Das Retten mit der DLK erfolgt unter Verwendung der Krankentragenlagerung.

Das Retten mit der DL oder dem KW erfolgt folgendermaßen: Das Zugseil für die Krankentrage wird am Kranhaken bzw. an der Öse der Leiterspitze befestigt. Die Angaben des Herstellers der DL bzw. des KW sind zu beachten.

Es ist darauf zu achten, dass die Krankentrage ohne anzustoßen abgelassen oder hochgezogen wird. Das bedeutet, um die Krankentrage stets lotrecht bewegen zu können, muss die DL bzw. der Teleskopmast des KW beim Hochziehen ausgefahren und beim Ablassen eingefahren werden.

Ausführung:
1. Siehe Kapitel 3.2.5 und 3.2.6,
2. Zugseil an der Leiterspitze bzw. am Kranhaken befestigen,
3. Redundante Sicherung anbringen.

3.2.8 Ablassen oder Hochziehen einer Trage mit Dreibock

Als weitere Erleichterung zum Ablassen oder Hochziehen einer Krankentrage findet der Dreibock Verwendung (Bild 42).

Ausführung:
1. Siehe Kapitel 3.2.5 und 3.2.6,
2. Umlenkrolle am Dreibock befestigen,
3. Zugseil über Umlenkrolle legen,
4. Dreibock sichern,
5. Redundante Sicherung anbringen.

Redundanz

Bild 42

3.3 Leitermethoden

Beim Retten Verletzter mit Hilfe von Steckleitern kennen wir den Einsatz der Bockleiter, den Steckleiterhebel und die Verwendung der Steckleiter als schiefe Ebene (auch Parallel-Leiter genannt).

3.3.1 Die Bockleiter

Als weitere Erleichterung zum Ablassen oder Hochziehen einer Krankentrage findet die Bockleiter Anwendung.

Ausführung:
1. Siehe Kapitel 3.2.5 bzw. 3.2.6,
2. Umlenkrolle (z. B. Auf- und Abseilgerät nach DIN 14800-16) einhängen,
3. Zugseil über Umlenkrolle legen (Bild 43),
4. Bockleiter sichern,
5. Redundante Sicherung anbringen.

3.3.2 Der Steckleiterhebel

Der Steckleiterhebel wird kombiniert mit der Krankentrage zum waagerechten Ablassen oder Hochziehen sowie zum Überwinden von Höhenunterschieden und Hindernissen angewandt.

Diese Methode kann jedoch nur dort in Betracht gezogen werden, wo der entsprechende Platz zum Aufrichten oder Ablegen der Leiter zur Verfügung steht.

Bild 43

Ausführung:

1. Höhenunterschied feststellen,
2. Trage mindestens 2 Sprossen oberhalb der Gebäudeöffnung so befestigen, dass sie beim Bewegen der Leiter frei geführt werden kann,
3. Befestigen der Leinen:
   - Leinenenden beiderseits der Trage durch Tragefüße stecken,
   - Leinenenden mit Mastwurf und Spierenstich an Leiterholmen anbringen,
   - um kopfseitige Tragegriffe Mastwürfe und Halbschläge legen,
   - Leinen anziehen und Mastwürfe und Halbschläge an fußseitigen Tragegriffen anbringen (Bilder 44 bis 46).

Bild 44

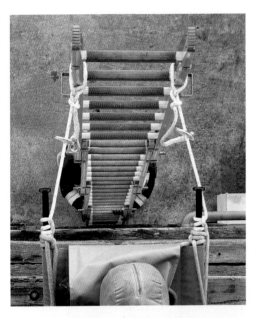

Bild 46

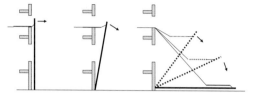

Bild 47 zeigt im Schema den Leiterhebel. Bild 48 zeigt die Anwendung des Leiterhebels mit vier Steckleiterteilen. *Beachte:*

– Verletzten auf der Trage sichern (siehe Kapitel 3.2.4.1),
– bei unebenem Gelände oder langen Leitern Führungsleinen mit Ankerstich seitlich am Leiterholm anbringen,
– Leinenlänge zwischen Tragegriff der Krankentrage und Befestigungspunkt an der Leiter darf ca. 0,20 m nicht überschreiten,
– Trage fußseitig tiefer als kopfseitig,
– auf Leinenschutz achten,
– kopfseitige Tragegriffe mit Mastwurf und Halbschlag befestigen (Bild 45).

3.3.3 Parallele Leitern

Die parallelen Leitern kommen beim waagerechten Transport Verletzter zum Einsatz (Bild 49).

Bild 49

Die Abbildung zeigt das Ablassen oder Hochziehen einer Trage über parallele Leitern.

Ausführung:
1. Verletzten auf der Trage sichern (siehe Kapitel 3.2.4.1),
2. etwa 2,00 m von den Leinenenden entfernt zwei Leinen mit Knoten verbinden,
3. mit Mastwurf und Halbschlag Enden der Halteleinen an den der Leiter zugewandten Tragegriffe anbringen, der Abstand vom Knoten soll etwa 0,50 m betragen (Bild 50/1),
4. die freien Leinenenden werden mit Mastwurf und Halbschlag um die anderen Tragegriffe gelegt, der Abstand vom Knoten soll etwa 0,60 m betragen (Bild 50/2).

Bild 50

Dadurch wird erreicht, dass die Trage annähernd rechtwinklig zu den angestellten Leitern steht (Bild 49). *Beachte:* Transport so ausführen, dass das Kopfende eine Sprosse höher steht als das Fußende.

3.4 Ablassen oder Hochziehen mit dem Rettungstuch in senkrechter oder schräger Richtung

Das Rettungstuch ist ein Gerät zum Retten von Verletzten aus schwierigen Situationen. Es wird überall dort eingesetzt, wo normale Krankentragen nicht oder nur sehr schwer verwendet werden können. Ein Verletzter kann mit dem Rettungstuch sowohl in waagerechter als auch in senkrechter Richtung abgeseilt werden. Der Verletzte wird dabei sicher gelagert und hat nach allen Seiten festen Halt.

Bild 51

3.4.1 Ablassen oder Hochziehen mit dem Rettungstuch in Senkrechtstellung mit DL, KW o.Ä.

Ausführung:

1. Verletzten auf der Trage sichern (siehe Kapitel 3.2.4.1),
2. Verletzten mit der Trage in das Rettungstuch legen und verschnüren (Bild 51),
3. Zugseil befestigen,
4. das freie Ende des Zugseiles an DL, KW o.Ä. anschlagen,
5. Führungsleine am Fußende anbringen (Bild 52),
6. Redundante Sicherung anbringen.

3.4.2 Ablassen oder Hochziehen des Rettungstuches in schräger Richtung

Ausführung:

1. Verletzten in das Rettungstuch legen und verschnüren (siehe Bild 51),
2. Drahtseil oder Kernmantelseil zwischen Einsatzstelle und Festpunkt spannen,
3. das Rettungstuch mit Schäkeln am Drahtseil oder Kernmantelseil einhängen (Bild 53),
4. Führungsleine am Kopf- und Fußende anbringen (Bild 53/1),
5. Redundante Sicherung anbringen.

Bild 53

Bild 54

3.4.3 Ablassen oder Hochziehen mit dem Schleifkorb in schräger Richtung

Ausführung:

1. Verletzten in den Schleifkorb legen und verschnüren,
2. Drahtseil oder Kernmantelseil zwischen Einsatzstelle und Festpunkt spannen,
3. den Schleifkorb mit Schäkeln am Drahtseil oder Kernmantelseil einhängen (Bild 54),
4. Führungsleine am Kopf- und Fußende anbringen (Bild 54/1),
5. Redundante Sicherung anbringen.

4 Halten und Rückhalten

4.1 Definition

Halten ist die Sicherung von gefährdeten Personen und Einsatzkräften mit dem Ziel, einen Absturz auszuschließen. Unter den Begriff des Haltens fallen nur solche Situationen, bei denen eine Sicherung oberhalb des zu Haltenden geführt wird.

4.2 Geeignete Geräte

Zum Halten werden Geräte eingesetzt, die auch zum Auffangen verwendet werden können, dazu zählen:
- Auffanggurt,
- Kernmantel-Dynamikseil,
- Bandschlingen.

Sollten diese Geräte nicht zur Verfügung stehen, können in Ausnahmefällen auch
- Feuerwehr-Haltegurte und
- Feuerwehrleinen
zum Einsatz kommen, allerdings besteht hierbei ein erhöhtes Sicherheitsrisiko.

Deshalb gilt:

Kann ein Absturz nicht ausgeschlossen werden, sodass evtl. ein Auffangen erforderlich wird – wie beispielsweise beim Einbrechen in ein Dach – dürfen Feuerwehr-Haltegurt und Feuerwehrleine *nicht* verwendet werden! Es handelt sich hierbei ausschließlich um Rückhalte- und nicht um Auffang-Systeme!

Im Folgenden wird ausschließlich der Einsatz mit den einfachsten Mitteln (Feuerwehr-Haltegurt und Feuerwehrleine) beschrieben, da nicht immer Gerätschaften zum Auffangen bzw. ein Gerätesatz »Absturzsicherung« zur Verfügung stehen.

4.3 Einsatzmöglichkeiten

Die gesicherte Person muss beim Abrutschen auf ihrer Standfläche (z. B. Leiter oder Böschung) sofort von Feuerwehr-Haltegurt und Feuerwehrleine so von oben gehalten werden, dass sie nicht abstürzen oder weiterrutschen kann (Bild 55).

Dazu wird eine Halbmastwurf-Sicherung mit Hilfe des Feuerwehr-Haltegurtes an einem geeigneten Festpunkt, beispielsweise einem Baum oder einer Leitplanke, angeschlagen (Bild 55a, vergleiche auch Bild 3 und Bild 4).

Der Festpunkt ist dabei so zu wählen, dass die zu haltende Person vom Sicherungsmann beobachtet werden kann. Es ist darauf zu achten, dass der Festpunkt immer oberhalb des zu Sichernden angeordnet ist und die Feuerwehrleine immer straff und auf Zug gehalten wird. Ein freies Hängen im Seil ist unbedingt zu vermeiden.

Bild 55

Bild 55a

Die Eigensicherung des Sicherungsmannes ist ebenfalls zwingend erforderlich. Auch sie erfolgt über einen Feuerwehr-Haltegurt und einen geeigneten Festpunkt (siehe Bild 55).

Alternativ zum Feuerwehr-Haltegurt kann die Feuerwehrleine als Brustbund um die zu rettende Person gelegt werden. Hier ist allerdings ein erhöhtes Verletzungsrisiko zu berücksichtigen (Bild 56, vergleiche auch Bilder 11 bis 15).

Eine spezielle Art des Haltens ist das **Rückhalten** von Personen. Dabei wird ein Absturz verhindert, indem man mit Hilfe einer Feuerwehrleine den Aktionsradius der Person so begrenzt, dass ein Erreichen der Absturzkante nicht möglich ist (Bild 57).

Beim Rückhalten kommen die gleichen Geräte wie beim Halten zum Einsatz.

Bild 56

Bild 57

5 Bemerkungen

Die in dieser Ausbildungsanleitung aufgezählten Methoden finden Anwendung zur Rettung von Personen, die sich in einer Notlage befinden oder nicht mehr in der Lage sind, sich aus eigener Kraft zu befreien.

Um eine Menschenrettung aus Gruben, Schächten oder sonstigen Einsatzstellen durchführen zu können, ist es Aufgabe des Leiters der Feuerwehr, die ihm unterstellten Feuerwehrleute auf diesem Gebiet ständig weiter zu schulen. Denn nur durch regelmäßige Schulungen der Feuerwehrangehörigen werden zusätzliche Unfälle durch plötzlich auftretende Gefahren für alle beteiligten Personen vermieden.

Insbesondere sollten alle Einsatzleiter über genügend praktische Erfahrung verfügen, damit Unfälle verhindert werden. Auch für diesen Bereich des Brandschutzdienstes gilt: Im Einsatz kann nur das einwandfrei ablaufen, was im Übungsdienst ständig geprobt wird.

Zu bemerken sei noch, dass das vorliegende Lehrheft keinen Anspruch auf Vollständigkeit erhebt. Es gibt eine Vielzahl weiterer Möglichkeiten sowohl zum Retten als auch zum Selbstretten.

Die Entscheidung, welcher Weg richtig ist, ist von der jeweiligen Situation abhängig und muss vom Einsatzleiter eigenständig gefällt werden. Dabei ist Sicherheit oberstes Gebot.

2011. 84 Seiten. Kart. € 8,80
ISBN 978-3-17-021172-8
Die Roten Hefte/
Gerätepraxis kompakt Nr. 401

Jörg Mezger/Peter Klumpp

Gerätesatz Auf- und Abseilgerät

Der Gerätesatz „Auf- und Abseilgerät" nach DIN 14800-16 dient
zur einfachen Rettung aus Höhen und Tiefen bis maximal 30
Meter. Das Heft der neuen Reihe „Die Roten Hefte/Gerätepraxis
kompakt" stellt die einzelnen Komponenten des Gerätesatzes
„Auf- und Abseilgerät" vor und erläutert anhand zahlreicher Bei-
spiele und Abbildungen ausführlich dessen richtige Anwendung
in der Praxis. Ein Schwerpunkt wird dabei auf die Vermeidung von
Gefahren im Einsatz und bei Übungen gelegt. Wichtige Hinweise
zur Gerätewartung ergänzen den Inhalt.

Die Autoren: Jörg Mezger ist Ausbilder für Höhenrettung
und Absturzsicherung bei der Berufsfeuerwehr Stuttgart.
Peter Klumpp ist stellvertretender Leiter der Höhenrettung
der Berufsfeuerwehr Stuttgart.

W. Kohlhammer GmbH · Verlag für Feuerwehr und Brandschutz
70549 Stuttgart · www.kohlhammer-feuerwehr.de